INHALT

Fünftes Prinzip: Die Grundängste

NAPOLEON HILL

DIE 5 ESSENZIELLEN PRINZIPIEN *aus* THINK AND GROW RICH

FBV

Bibliografische Information der Deutschen Nationalbibliothek
Die Deutsche Nationalbibliothek verzeichnet diese Publikation in der Deutschen Nationalbibliografie. Detaillierte bibliografische Daten sind im Internet über http://dnb.d-nb.de abrufbar.

Für Fragen und Anregungen:
info@finanzbuchverlag.de

2. Auflage 2019

Nymphenburger Straße 86
D-80636 München
Tel.: 089 651285-0
Fax: 089 652096

Die englische Originalausgabe erschien 2018 bei Simple Truths, Sourcebooks unter dem Titel *The 5 Essential Principles of Think and Grow Rich: The Practical Steps to Transforming Your Desires into Riches.*

Übersetzung: Petra Pyka
Redaktion: Anne Horsten
Umschlaggestaltung: Pamela Machleidt
Umschlagabbildung: shutterstock.com/ID1974
Satz: Daniel Förster, Belgern
Druck: Florjancic Tisk d.o.o., Slowenien
Printed in the EU

ISBN Print 978-3-95972-201-8
ISBN E-Book (PDF) 978-3-96092-370-1
ISBN E-Book (EPUB, Mobi) 978-3-96092-371-8

Weitere Informationen zum Verlag finden Sie unter

www.finanzbuchverlag.de

Beachten Sie auch unsere weiteren Verlage unter www.m-vg.de.

VORWORT

Im Jahr 1937 veröffentlichte der Journalist Napoleon Hill die Erstausgabe von *Think and Grow Rich* – ein spektakuläres Werk auf der Grundlage der Überzeugung, die er mit Andrew Carnegie teilte: Jeder kann ein Vermögen aufbauen. Zu diesem Zweck sprach Hill mit mehr als 500 Self-Made-Millionären, um der Formel für ihren Reichtum auf die Spur zu kommen.

Wir, die Treuhänder der Napoleon Hill Foundation, präsentieren Ihnen diese Sonderausgabe mit Auszügen aus Napoleon Hills Klassiker *Think and Grow Rich*. Dabei stellen wir das erste Wort des Titels – **denke nach** – in den Fokus dieses Werkes. Das vorliegende Buch dreht sich um die faszinierenden Kräfte des menschlichen Geistes: seine Fähigkeit, sich einem Anliegen oder Ziel zu verschreiben, sich auszudenken, wie dieses Ziel zu erreichen ist, es entschlossen zu realisieren und sich dafür den geistigen Beistand anderer zur Hilfe zu holen.

Napoleon Hill beim Lesen seines Buches
Think and Grow Rich (1937)

Über einen Zeitraum von mehr als 25 Jahren befasste sich Hill damit, mit den wohlhabendsten und erfolgreichsten Geschäftsleuten seiner Zeit zusammenzuarbeiten und dies zu dokumentieren. Das Ergebnis war *Think and Grow Rich*. Alle Ausgaben dieses Werkes vermitteln die geballte Erfahrung dieser erfolgreichen Menschen, die mit nichts angefangen haben und als Gegenleistung für erworbenen Reichtum nur **Gedanken, Ideen** und **organisierte Pläne** einbringen konnten.

Dieses Buch ist die Essenz der Philosophie des Reichwerdens und anderer persönlicher Erfolge – sie entstammt den Leistungen der erfolgreichsten Amerikaner in den prägenden Wirtschaftsjahren. Sie beschreibt, **was zu tun ist** – und **wie es zu tun ist**.

In den Mittelpunkt dieser Sonderausgabe von *Think and Grow Rich* hat die Napoleon Hill Foundation vier wesentliche Erfolgsprinzipien gestellt: Anliegen, Fantasie, Durchhaltevermögen und das »Master Mind«, sowie das Schlusskapitel über die sechs Grundängste. Der Schwerpunkt liegt dabei auf den Methoden, durch die die Kraft des Geistes Ihnen helfen kann, sich förmlich reich zu denken.

Andrew Carnegie, William Jennings Bryan
und andere (um 1910)

Napoleon Hill schrieb, dass jedem Erfolg ein Anliegen zugrunde liegt – und zwar nicht irgendeines, sondern ein brennendes, leidenschaftliches. So ein Anliegen führt zu einem klaren Hauptziel, ohne das Erfolg und Glück nicht zu erreichen sind. Als junger Reporter war Hill Augenzeuge des Jungfernflugs der Gebrüder Wright – sicherlich das triumphale Ergebnis eines dringenden Anliegens. Er kannte Thomas Edison, dessen Bestreben, die Wissenschaft und die Gesellschaft voranzubringen, zu seiner Zeit unerreicht war – und vielleicht bis heute ist. Hills persönliches Anliegen, seinem Sohn zu helfen, der ohne Ohren zur Welt kam, hatte ein Beinahe-Wunder zur Folge: Zur größten Überraschung seiner Ärzte begann der Junge nach jahrelanger tatkräftiger Unterstützung durch seinen Vater tatsächlich zu hören. All diese Beispiele für ein dringendes Anliegen werden in diesem Buch geschildert.

Hill bezeichnete die Fantasie als die Werkstatt des Geistes – manchmal in Form von Tagträumen, Meditation oder künstlerischem Schaffen. In *Think and Grow Rich* hob er hervor, wie sich die Fantasie nutzen lässt, um finanzielle Erfolge zu feiern. Malen Sie sich die vielen Möglichkeiten aus, wie Fantasie, gepaart mit einem Anliegen, zu Reichtum führen kann. Dieses Buch kann Ihnen helfen, Ihr Ziel zu erreichen.

Der menschliche Geist ist erstaunlich komplex. Er hat unzählige Facetten und Kräfte. Unter anderem beweist er Durchhaltevermögen. Dadurch können wir mit Misserfolgen umgehen – sie lediglich als vorübergehende Rückschläge begreifen, die überwindbar sind. Hill behauptete, jeder Nachteil berge den Keim für einen gleichwertigen Vorteil. Diese geniale Erkenntnis setzt jedoch Durchhaltevermögen voraus. In diesen Auszügen aus *Think and Grow Rich* führt Hill vor, wie sich diese Eigenschaft entwickeln lässt, woran wir erkennen, wenn sie uns fehlt, und was wir dagegen tun können.

Napoleon Hill wusste, dass zwei Köpfe besser denken als einer – sogar besser als zwei, denn wenn sie harmonisch auf ein gemeinsames Ziel hinarbeiten, wachsen sie über die Summe ihrer Teile hinaus. Dies ist eine weitere faszinierende Wahrheit über die Kraft des Geistes, die in *Think and Grow Rich* erklärt wird. Henry Ford und Mahatma Gandhi sind beides Männer, die das »Master-Mind«-Prinzip erkannt und ein-

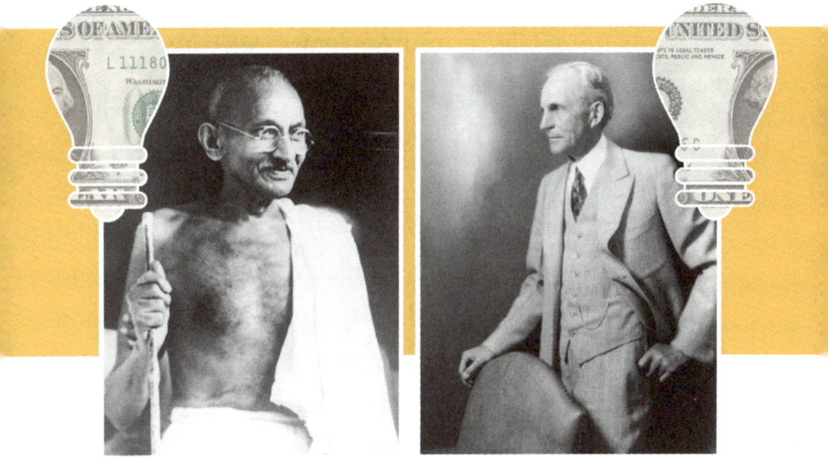

Mahatma Gandhi (um 1940) Henry Ford (um 1934)

gesetzt haben, um eigentlich unvorstellbare Ziele zu erreichen. Ihre Geschichten lesen Sie in diesem Buch.

Hill erkannte auch, wie uns Geisteskraft helfen kann, die lähmenden Effekte der Angst zu überwinden. Mit seinen berühmten Ausführungen dazu, wie sich die sechs Geister der Angst austricksen lassen, schließt diese Sonderausgabe. Sie legt nicht nur dar, wie der Geist uns durch Anliegen, Fantasie, Durchhaltevermögen und das »Master-Mind«-Prinzip zu finanziellem Erfolg führen kann, sondern auch zu dauerhaftem Glück und Seelenfrieden durch Überwindung der Ängste, die uns alle belasten.

Die Napoleon Hill Foundation freut sich, diese tiefschürfenden und grundlegenden Wahrheiten über die Kraft des Geistes aus *Think and Grow Rich zu* präsentieren. Viele Menschen berichten uns, *Think and Grow Rich* sei das einflussreichste Buch, das sie je gelesen haben – neben ihren heiligen Schriften vielleicht. Wir hoffen, Sie sind auch dieser Meinung und können von den zeitlosen Schätzen profitieren, die Sie in diesem großartigen Buch finden werden.

Don M. Green
Geschäftsführer und Treuhänder
The Napoleon Hill Foundation

EINLEITUNG

In jedem einzelnen Kapitel dieses Buches geht es um das Geheimnis des finanziellen Erfolgs – ein Geheimnis, das über 500 Multimillionäre reich gemacht hat, deren Biografien ich über viele Jahre sorgfältig studiert habe.

Vor über 25 Jahren hat Andrew Carnegie meine Aufmerksamkeit auf dieses Geheimnis gelenkt. Ich war noch ein sehr junger Mann, als der pfiffige, liebenswerte alte Schotte mir den Anstoß dazu gab. Damals lehnte er sich augenzwinkernd zurück und wartete gespannt ab, ob ich die ganze Tragweite seiner Worte erfassen würde.

Als er merkte, dass ich begriffen hatte, fragte er mich, ob ich bereit sei, mich 20 Jahre oder mehr der Aufgabe zu widmen, dieses Geheimnis der ganzen Welt zugänglich zu machen – allen Menschen, die andernfalls womöglich zum Scheitern verurteilt wären. Ich bejahte, und mit der Unterstützung von Andrew Carnegie hielt ich mein Versprechen.

Dieses Buch enthält das Geheimnis, das inzwischen Tausende von Menschen aus unterschiedlichsten Schichten dem Praxistest unterzogen haben. Andrew Carnegie stellte sich vor, dass die Zauberformel, die ihm zu märchenhaftem Reichtum verholfen hatte, an Menschen weitergegeben werden sollte, die nicht die Zeit haben, selbst zu analysieren, wie andere reich geworden sind. Er hegte die Hoffnung, dass ich die Formel durch die Erfahrungen von Frauen und Männern mit verschiedenen beruflichen Hintergründen auf die Probe stellen und somit ihre Verlässlichkeit demonstrieren würde. Er war der Meinung, die Formel sollte an allen öffentlichen Schulen und Hochschulen gelehrt werden. Richtig vermittelt, würde sie das gesamte Bildungssystem revolutionieren, sodass sich die Schulzeit auf die Hälfte reduzieren ließe.

Vielleicht darf ich noch ein letztes vorbereitendes Wort vorausschicken, bevor Sie das erste Kapitel in Angriff nehmen – eine kleine Anregung, die Ihnen entscheidend dabei helfen könnte, das Carnegie-Geheimnis zu erkennen? Und zwar folgende: Jede Leistung und jeder finanzielle Erfolg gehen auf eine Idee zurück! Wenn Sie bereit sind für das Geheimnis, gehört es schon zur Hälfte Ihnen. Die andere Hälfte erschließt sich Ihnen, sobald Ihr Geist damit in Berührung kommt.

Napoleon Hill
Autor von *Think and Grow Rich* (1937)
Gründer der Napoleon Hill Foundation

ERSTES PRINZIP

EIN ANLIEGEN

DIE GRUNDLAGE FÜR JEDEN ERFOLG

Als Edwin C. Barnes in Orange, New Jersey, vor über 30 Jahren vom Güterzug sprang, mochte er ausgesehen haben wie ein Landstreicher, doch seine *Gedanken* waren die eines Königs.

Auf dem Weg vom Bahngleis zum Büro von Thomas A. Edison arbeitete sein Gehirn auf Hochtouren. Er stellte sich vor, *wie er vor Edison stehen würde.* Er hörte sich Edison um Gelegenheit bitten, die eine, alles beherrschende Obsession seines Lebens zu verwirklichen – das *dringende Anliegen*, Geschäftspartner des großen Erfinders zu werden. Was Barnes umtrieb, war mehr als nur eine *Hoffnung* oder ein *Wunsch*! Es war ein klares, lebendiges *Anliegen*, das alles andere durchdrang – mit einem *konkreten* Ziel.

Fünf Jahre vergingen, bevor sich ihm die Chance bot, auf die er gewartet hatte. In all den Jahren hatte es für ihn keinen Silberstreif am Horizont gegeben, keine Aussicht, sein Anliegen zu verwirklichen. Für alle anderen war Barnes nur ein weiteres Rädchen in Edisons Geschäftsmaschinerie, doch er sah sich selbst immer als Edisons Partner – von dem Tag an, als er anfing, für ihn zu arbeiten.

Thomas Edison und sein Original-Dynamo
(um 1906)

Als er nach Orange fuhr, sagte er sich nicht: »Ich will versuchen, Edison dazu zu bringen, mir irgendeinen Job zu geben.« Er sagte sich: »Ich werde Edison aufsuchen und ihm klarmachen, dass ich gekommen bin, um sein Geschäftspartner zu werden.«

Er sagte sich nicht: »Ich werde ein paar Monate dort arbeiten, und wenn sich nichts tut, kündige ich eben und suche mir woanders eine Stelle.« Er sagte sich: »Ich fange irgendwo an. Ich mache alles, was mir Edison aufträgt, doch *irgendwann* werde ich sein Partner.«

Er sagte sich nicht: »Ich halte die Augen offen für andere Chancen, falls ich in Edisons Unternehmen nicht finde, was ich suche.« Er sagte sich: »Ich will nur **eins** auf dieser Welt: gemeinsam mit Thomas A. Edison ein Unternehmen führen. Ich werde alles andere hinter mir lassen und meine Zukunft ganz darauf ausrichten, dass mir das gelingt.«

Er ließ sich kein Hintertürchen offen, sondern ging aufs Ganze.

Mehr ist zu Barnes Erfolgsstory nicht zu sagen.

Hat ein Mensch erst einmal verstanden, wozu Geld gut ist, möchte er es besitzen. Doch durch *Wünschen allein* ist noch keiner reich geworden. Wer aber *unbedingt* reich werden will, mit einer Entschlossenheit, die an Obsession grenzt, wer konkrete Pläne und Methoden entwickelt, um reich zu werden, und diese mit einer Hartnäckigkeit verfolgt, die *ein Scheitern nicht zulässt*, der wird es schaffen.

Die Methode, durch die sich das Anliegen, reich zu werden, in die Realität umsetzen lässt, besteht aus sechs praktischen Schritten, nämlich:

ERSTER SCHRITT: Setzen Sie sich im Kopf ein genaues finanzielles Ziel. Es reicht nicht, zu sagen: »Ich möchte viel Geld haben.« Legen Sie einen bestimmten Betrag fest.

ZWEITER SCHRITT: Bestimmen Sie genau, was Sie im Gegenzug zu leisten bereit sind. (Von nichts kommt nichts, so ist das nun einmal.)

Thomas Edison prüft mit Edwin C. Barnes das Ediphon
(um 1921)

DRITTER SCHRITT: Legen Sie ein genaues Datum fest, an dem Sie den angestrebten Betrag besitzen wollen.

VIERTER SCHRITT: Arbeiten Sie einen bestimmten Plan aus, um Ihr Anliegen umzusetzen, und fangen Sie gleich an, ob Sie dafür bereit sind oder nicht, nach diesem Plan zu handeln.

FÜNFTER SCHRITT: Halten Sie den Betrag, den Sie erwirtschaften wollen, die Frist, die Sie sich dafür gesetzt haben, Ihre Gegenleistung und den genauen Plan, mit dem Sie das alles erreichen wollen, kurz und prägnant schriftlich fest.

SECHSTER SCHRITT: Lesen Sie sich zweimal am Tag laut vor, was Sie aufgeschrieben haben – einmal kurz vor dem Schlafengehen und einmal gleich nach dem Aufstehen.

Da wir uns jetzt in den Startlöchern für das Rennen um den großen Reichtum befinden, sollten wir dies in der Zuversicht tun, dass die veränderte Welt, in der wir leben, nach neuen Ideen, neuen Verfahren, neuen Leitfiguren, neuen Erfindungen, neuen Lehrmethoden, neuen Marketingstrategien, neuer Literatur, neue Ideen für Medien und Filme verlangt. Hinter dieser Nachfrage nach Neuem und Besserem steht eine Eigenschaft, die Voraussetzung ist für jeden Erfolg – nämlich eine **bestimmte Absicht**. Sie müssen wissen, was Sie wollen – und das muss Ihnen zum *dringenden Anliegen* werden.

Da wir alle gern reich werden möchten, sollten wir bedenken, dass die echten Leitfiguren der Weltgeschichte stets Menschen waren, die es verstanden, die unerklärbaren, vagen Kräfte von noch nicht realen Chancen zu nutzen, und diese Kräfte (oder Impulse) in Wolkenkratzer, Großstädte, Fabriken, Flugzeuge, Autos und all die anderen Dinge verwandelten, die das Leben angenehmer machen.

Heute muss ein Träumer tolerant und aufgeschlossen sein. *Wer Angst vor neuen Ideen hat, ist von vornherein zum Scheitern verurteilt.* Nie war die Zeit so

Die Gebrüder Wright beim International Aviation Tournament (1910)

ideal für Pioniere wie jetzt. Natürlich gibt es keinen Wilden Westen mehr zu erobern, doch es gilt, die Wirtschafts-, Finanz- und Industriewelt umzubauen und neu und besser zu gestalten.

Wenn Sie vorhaben, sich Ihren Anteil am Reichtum zu sichern, lassen Sie sich nicht dazu verleiten, Träumern mit Verachtung zu begegnen. Um in dieser veränderten Welt mit hohen Einsätzen zu gewinnen, brauchen Sie den Geist der großen Pioniere früherer Zeiten, die der Zivilisation aufgrund ihrer Träume alle wertvollen Errungenschaften gebracht haben, den Geist, der das Lebensblut unseres Landes ist – unser aller Chance, unsere Fähigkeiten zu entwickeln und zu vermarkten.

Die Gebrüder Wright träumten von einer Flugmaschine. Dass dieser Traum Wirklichkeit wurde, ist heute in aller Welt zu sehen.

Die Welt hat sich an neue Entdeckungen gewöhnt. Sie ist bereit, Träumer zu belohnen, die der Welt eine neue Idee bescheren.

Wacht auf, steht auf und setzt euch durch, ihr Träumer dieser Erde, jetzt seid ihr auf dem Vormarsch. Die Welt bietet heute eine Fülle von **Chancen**, wie sie die Träumer der Vergangenheit nie gekannt haben.

Vergessen Sie nie: Wer im Leben Erfolg hat, hat immer auch Fehlstarts erlebt und viele herzzerreißende Kämpfe überstanden, bevor er es »geschafft hat«. Der

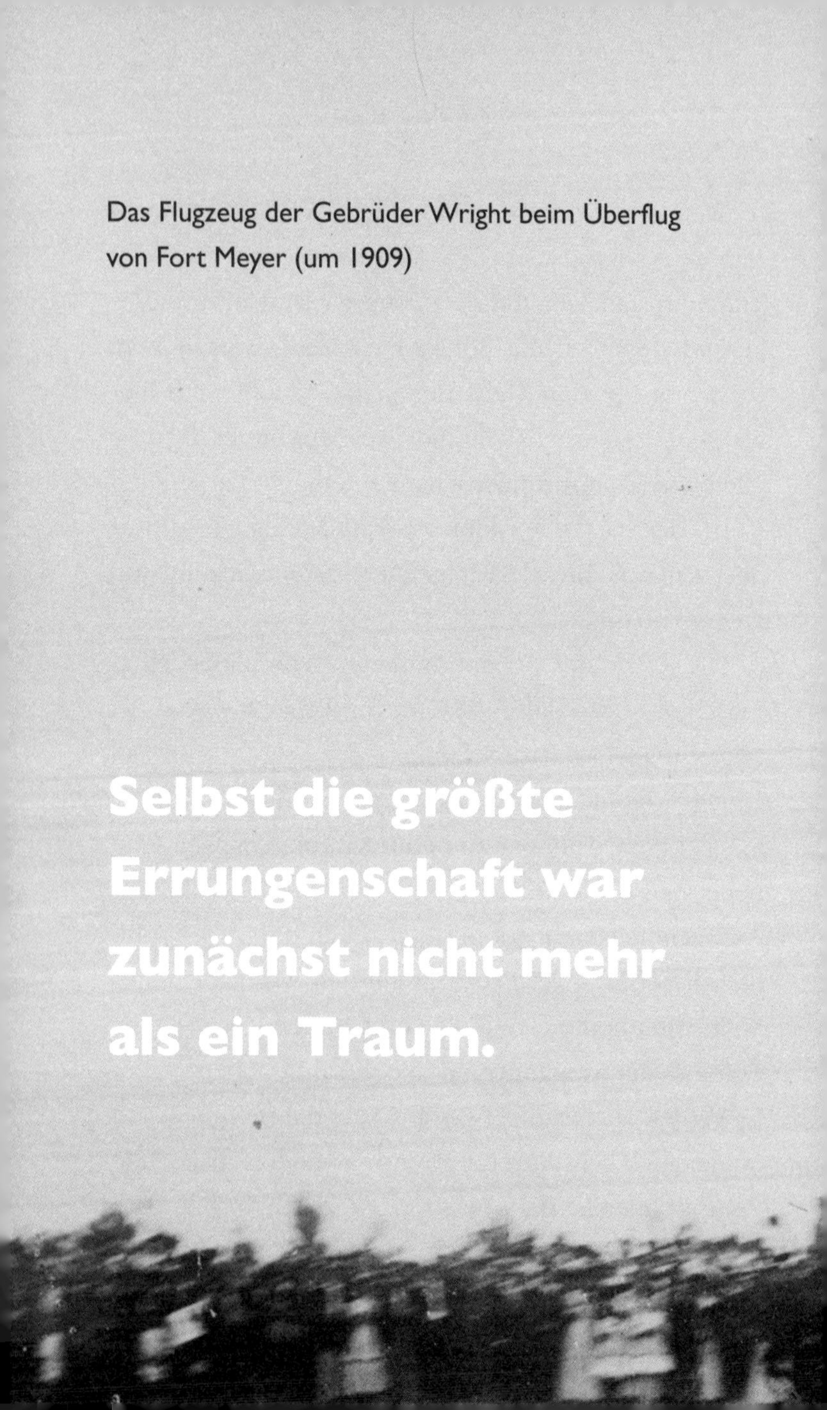

Das Flugzeug der Gebrüder Wright beim Überflug von Fort Meyer (um 1909)

Selbst die größte Errungenschaft war zunächst nicht mehr als ein Traum.

Die Eiche schlummert in der Eichel; der Vogel wartet im Ei.

Und in der höchsten Vision der Seele regt sich ein wachender Engel.

Träume sind die Samenkörner der Wirklichkeit.

– JAMES ALLEN

Wendepunkt für die Erfolgreichen liegt gewöhnlich in einer Krise, durch die sich ein Mensch von einer anderen Seite kennenlernt.

Der große Erfinder und Wissenschaftler Edison tingelte als Telegrafist durch das Land und scheiterte unzählige Male, bevor er auf das Genie stieß, das in ihm schlummerte.

Robert Burns kam vom Land, konnte weder lesen noch schreiben, war bettelarm und verfiel obendrein dem Alkohol. Dennoch bereicherte er die Welt durch seine Existenz, weil er schöne Gedanken in poetische Sprache fasste. Bildhaft gesprochen, riss er einen Dorn aus und ließ an seiner Stelle eine Rose wachsen.

Booker T. Washington wurde als Sklave geboren, benachteiligt durch Rasse und Hautfarbe. Doch weil er tolerant, stets für alle Themen aufgeschlossen und ein **Träumer** war, drückte er dem ganzen Land seinen positiven Stempel auf.

Beethoven wurde taub, Milton war blind, doch ihre Namen bleiben unvergessen, weil sie ihren Träumen nicht nur nachhingen, sondern sie umgesetzt haben.

Es ist ein Unterschied, ob man sich etwas *wünscht* oder ob man auch *bereit ist, es zu empfangen*. Niemand

Booker T. Washington (um 1890)

ist für etwas *bereit*, an das er nicht glaubt. Man muss glauben, nicht nur hoffen oder wünschen. Die Voraussetzung für Glauben ist Aufgeschlossenheit. Wer nicht aufgeschlossen ist, der bringt nicht die nötige Zuversicht, den Mut und den Glauben auf.

EIN ANLIEGEN IST STÄRKER ALS MUTTER NATUR

Viele Jahre vor der Geburt meines Sohnes hatte ich geschrieben: »Unsere einzigen Grenzen sind die, die wir uns selbst setzen.« Zum ersten Mal im Leben fragte ich mich nun, ob das stimmte. Vor mir auf dem Bett lag ein Neugeborenes, dem die von der Natur vorgesehenen Hörwerkzeuge fehlten. Selbst wenn mein Sohn vielleicht hören und sprechen lernen würde, war er doch ganz offensichtlich fürs Leben entstellt.

Was konnte ich tun? Irgendwie musste ich einen Weg finden, meinem Kind mein *wichtigstes Anliegen* in den Kopf zu setzen: auch ohne Ohren Töne an sein Gehirn zu übermitteln.

Sobald das Kind alt genug war, um mitzuwirken, würde ich es so mit dem *dringenden Anliegen* erfüllen, zu hören, dass die Natur einen Weg finden würde, dieses Bestreben in physische Realität umzusetzen.

Eines Tages stellte ich fest, dass er mich recht gut hören konnte, wenn ich meine Lippen auf seinen Warzenfortsatz legte, eine Stelle ganz unten am Schläfenbein. Diese Erkenntnis eröffnete mir die Möglichkeit, mein *dringendes Anliegen* zu verwirklichen, meinem Sohn zu Hör- und Sprachvermögen zu verhelfen. Damals versuchte er schon von sich aus, bestimmte

Wörter zu sagen. Die Aussichten waren alles andere als ermutigend, doch **ein Anliegen, an das jemand glaubt, ist nie unrealisierbar**.

Sobald ich wusste, dass er den Klang meiner Stimme eindeutig wahrnehmen konnte, begann ich, ihm das Anliegen einzureden, zu hören und zu sprechen. Bald merkte ich, dass das Kind Freude an Gutenachtgeschichten hatte. Also ging ich strategisch vor und dachte mir Erzählungen aus, die ihm Selbstbestimmtheit, Fantasie und das *dringende Anliegen* vermitteln sollten, *zu hören und normal zu sein.*

Der taube Junge absolvierte Schule und College, ohne seine Lehrer zu hören, wenn sie ihn nicht laut aus der Nähe ansprachen. Er ging auf keine Schule für Hörgeschädigte. Wir erlaubten ihm nicht, die Zeichensprache zu erlernen. Wir wollten unbedingt, dass er ein normales Leben führte und unter normalen Kindern aufwuchs, und an diesem Entschluss hielten wir fest, auch wenn uns das viele hitzige Diskussionen mit Lehrern und anderen Vertretern des Bildungswesens eintrug.

Auf der Highschool probierte mein Sohn ein elektrisches Hörgerät aus, was ihm jedoch nicht von

Nutzen war. Wir vermuteten, dass dies an einem Umstand lag, der festgestellt wurde, als der Junge sechs Jahre alt war. Damals operierte ein Arzt eine Seite seines Kopfes und stellte dabei fest, dass es keinen Hinweis auf natürliche Hörorgane gab. In seiner letzten Collegewoche (18 Jahre nach der Operation) ereignete sich der wichtigste Wendepunkt in seinem Leben. Zufällig bekam er ein anderes elektrisches Hörgerät in die Hände, das ihm zum Ausprobieren überlassen wurde. Nach der enttäuschenden ersten Erfahrung mit einem solchen Gerät ließ er sich damit Zeit. Irgendwann nahm er es, setzte es mehr oder minder gedankenlos auf, schaltete es ein und plötzlich – wie durch ein Wunder – wurde sein lebenslanger Wunsch, normal zu hören, wahr! Zum ersten Mal im Leben hörte er praktisch genauso gut wie jeder andere.

Überglücklich über die **neue Welt**, die sich ihm durch das Hörgerät erschloss, griff er zum Telefon, rief seine Mutter an und vernahm zum ersten Mal im Leben klar und deutlich ihre Stimme. Am nächsten Tag hörte er erstmals die Stimmen seiner Dozenten im Unterricht! Zuvor hatte er sie nur verstehen können, wenn sie aus nächster Nähe sehr laut mit ihm sprachen. Er konnte Radio hören. Er hörte Filme. Zum ersten Mal konnte er sich ungehindert mit anderen unterhalten, ohne dass sie ihn anschreien mussten. Damit hatte sich die Welt für ihn verändert. Wir hatten uns hartnäckig geweigert, den Irrtum der Natur hinzunehmen, und hatten die Natur durch unser **dringendes Anliegen** dazu gebracht, ihren Fehler mithilfe des einzigen verfügbaren praktischen Mittels zu korrigieren.

Der menschliche Geist ist in der Lage, alles zu erschaffen, was er sich vorstellen und woran er glauben kann.

– NAPOLEON HILL

WIE SIE EIN ANLIEGEN WEITERBRINGT …

1. Was ist für Sie persönlich eher ein Wunsch und was ein dringendes Anliegen?
2. Sind Sie bereit, den Preis zu zahlen, den Edwin C. Barnes zahlte, damit Ihre Wünsche Wirklichkeit werden?
3. Was ist die Grundlage für jeden Erfolg? Wie können Sie NOCH HEUTE die ersten Schritte machen?
4. Sie wissen ja: Von nichts kommt nichts. Welche Opfer würden Sie für Ihren Erfolg bringen?
5. Wenn Sie Ihr Anliegen kennen, trauen Sie sich dann zu, das angestrebte Ergebnis zu erzielen?

ZWEITES PRINZIP

FANTASIE

DIE WERKSTATT DES GEISTES

Fantasie ist buchstäblich die Werkstatt, in der alles Gestalt annimmt, was der Mensch plant. Den Impulsen, den *Anliegen*, wird Gestalt und Form verliehen – und sie werden mithilfe der menschlichen Vorstellungskraft in die **Tat** umgesetzt.

Der Mensch kann alles vollbringen, was er sich vorstellen kann, heißt es.

Grenzen sind jedem von uns logischerweise nur durch die Entwicklung und Anwendung seiner Vorstellungskraft gesetzt. Den Höhepunkt dieser Entwicklung hat der Mensch noch nicht erreicht. Bisher hat er lediglich festgestellt, dass er über Fantasie verfügt, und begonnen, sie auf sehr elementare Weise zu nutzen.

Alle großen Persönlichkeiten aus Wirtschaft, Industrie und Finanzwelt sowie alle herausragenden Künstler, Musiker, Dichter und Schriftsteller verdanken ihren Ruhm der Entwicklung ihrer schöpferischen Fantasie.

Ein *Anliegen* ist nur ein Gedanke, ein Impuls. Es ist vage und flüchtig. Es ist abstrakt und besitzt keinen Wert, solange es nicht in sein physisches Gegenstück umgewandelt wird.

Ideen sind die Grundlage für jedes Vermögen. *Und Ideen sind Produkte der Fantasie.* Betrachten wir ein paar bekannte Ideen, die viel Geld eingebracht haben, in der Hoffnung, aus diesen Anschauungsbeispielen konkrete Informationen darüber zu gewinnen, wie die Fantasie uns dazu führen kann, reich zu werden.

DER ZAUBERKESSEL

Vor 50 Jahren fuhr ein alter Landarzt in eine kleine Stadt, band sein Pferd fest, schlich sich durch die Hintertür in die Apotheke und begann, mit dem jungen Apotheker zu »feilschen«.

Was er vorhatte, sollte viele Menschen reich machen.

Über eine Stunde lang verhandelten der Arzt und der Apotheker hinter dem Ladentisch mit leiser Stimme. Dann ging der Arzt zu seinem Wagen, lud einen großen, altmodischen Kessel und einen mächtigen hölzernen Rührlöffel ab und stellte alles ins Hinterzimmer der Apotheke.

Der Apotheker besah den Kessel, griff in seine Manteltasche, zog ein Bündel Geldscheine hervor und reichte es dem Arzt. Es waren genau 500 Dollar – seine gesamten Ersparnisse.

Daraufhin übergab der Arzt ihm einen kleinen Zettel, auf dem eine geheime Formel stand. Das Rezept war ein Vermögen wert – *nur nicht für den Arzt*! Mit der Zauberformel konnte in dem Kessel zwar ein

Trank gebraut werden, doch weder der Arzt noch der junge Apotheker wussten, welch märchenhaften Reichtum dieser einbringen würde.

Der alte Arzt war froh, dass er seine Gerätschaften für 500 Dollar losgeworden war. Mit dem Geld konnte er seine Schulden zahlen und ruhig schlafen. Der Apotheker riskierte viel, als er seine gesamten Ersparnisse für ein Stück Papier und einen alten Kessel hinblätterte. Nie hätte er sich träumen lassen, dass ihm dieser Kessel mehr Gold einbringen würde als Aladdins Lampe im Märchen.

In Wirklichkeit hatte der Apotheker nämlich eine **Idee** gekauft!

Der alte Kessel, der Rührlöffel und der Zettel mit der Formel waren nur Beiwerk. Wunder wirkte der Kessel erst, als sein neuer Eigentümer dem Geheimrezept noch eine Zutat beigab, auf die der Arzt nicht gekommen war.

Lesen Sie diese Geschichte aufmerksam und stellen Sie Ihre Fantasie auf die Probe! Mal sehen, ob Sie herausfinden, was der junge Mann dem Geheimrezept zusetzte, damit Gold aus dem Kessel quellen konnte. Vergessen Sie aber beim Lesen nicht, dass dies kein Märchen aus Tausendundeiner Nacht ist. Hier geht es um Fakten, nicht um Fiktion – Fakten, die mit einer **Idee** begannen.

Werfen wir zunächst einen Blick auf den unermesslichen Reichtum, den diese Idee hervorgebracht hat. Sie verhalf Menschen aus aller Welt, die unter die Leute brachten, was aus dem Kessel kam, zu einem riesigen Vermögen – und das funktioniert bis heute.

Der alte Kessel ist inzwischen der größte Zuckerkonsument der Welt und sorgt so für Tausende von Arbeitsplätzen beim Anbau von Zuckerrohr sowie in der Raffinerie und Vermarktung von Zucker.

Der alte Kessel steht jährlich für Abnehmer von Millionen von Glasflaschen, was Scharen von Glasarbeitern ihren Arbeitsplatz sichert.

Vom Einfluss dieser Idee profitiert inzwischen jedes zivilisierte Land der Welt. Der alte Kessel versorgt jeden, der damit in Berührung kommt, unaufhörlich mit Gold.

Mit diesem Gold wurde eines der berühmtesten Colleges der Südstaaten aufgebaut und bis heute finanziert, an dem Tausenden junger Menschen das Rüstzeug für ihren Erfolg vermittelt wird.

Doch der alte Kessel hat noch viele andere großartige Dinge ermöglicht … denn dies ist natürlich die Geschichte der Erfindung von Coca-Cola.

Auch während der Weltwirtschaftskrise, als überall Fabriken, Banken und Unternehmen ins Wanken gerieten und schließen mussten, machten die Eigentümer des Zauberkessels unbeirrt weiter und *beschäftigten die ganze Zeit über* weltweit Heerscharen von Mitarbeitern. Eine Extraportion Gold floss dabei an all jene, die vor vielen Jahren *an die Idee geglaubt* hatten.

Wo Sie sich auch gerade aufhalten oder zu Hause sind, und was immer Sie beruflich machen – denken

Sie künftig jedes Mal, wenn Sie den Coca-Cola-Schriftzug lesen, daran, dass dieses enorme Imperium des Geldes und der Macht aus einer **Idee** entstand. Die geheimnisvolle Zutat, die der Apotheker Asa Candler der geheimen Formel hinzufügte, war … **Fantasie**!

Gedanken nehmen gegenständliche Formen an, und sie wirken auf der ganzen Welt.

WENN ICH EINE MILLION HÄTTE

Die folgende Geschichte ist der Beweis für das alte Sprichwort: »Wo ein Wille ist, ist auch ein Weg.« Ich hörte sie zum ersten Mal von meinem geschätzten Lehrer und Pfarrer, dem verstorbenen Frank W. Gunsaulus, dessen Karriere als Prediger im Schlachthofviertel von Südchicago begann.

Während er das College besuchte, fielen Dr. Gunsaulus viele Mängel unseres Bildungssystems auf – Mängel, von denen er glaubte, sie beheben zu können, wenn er erst selbst eine Schule leiten würde. Sein *größtes Anliegen* war, ein Bildungsinstitut zu führen, in dem junge Menschen im »Lernen durch Handeln« unterwiesen wurden.

Er entschloss sich, eine neue Hochschule zu gründen, an der er seine Ideen umsetzen konnte – ungehindert von orthodoxen Lehrmethoden.

Für das Projekt brauchte er eine Million Dollar. Wie aber sollte er eine solche Summe auftreiben? Das war die Frage, die den ehrgeizigen jungen Geistlichen Tag und Nacht beschäftigte.

Dr. Gunsaulus war nicht nur Pfarrer, sondern auch Philosoph, und wie alle Erfolgsmenschen gelangte er zu der Erkenntnis, dass man bei einem **konkreten Anliegen** ansetzen muss. So ein Anliegen wird beseelt, aktiviert und angetrieben durch den *alles beherrschenden Drang*, es zu verwirklichen.

All diese bedeutsamen Fakten kannte er. Dennoch wusste er nicht, wie er eine Million Dollar aufbringen sollte. In dieser Situation hätten viele aufgegeben – nach dem Motto: »Die beste Idee taugt nichts, wenn mir das Geld fehlt, sie umzusetzen.« So hätten wohl die meisten Menschen reagiert. Nicht so Dr. Gunsaulus. Was er sagte und tat, ist so bedeutsam, dass ich ihn persönlich zu Wort kommen lassen möchte:

»Eines Samstagnachmittags saß ich in meinem Zimmer und grübelte, wie ich das Geld beschaffen könnte, das ich zur Verwirklichung meiner Pläne brauchte. Fast zwei Jahre lang hatte ich nun schon darüber nachgedacht, aber sonst nichts unternommen!

Es war an der Zeit, ***aktiv*** *zu werden!*

Da beschloss ich spontan, mir die benötigte Million innerhalb einer Woche zu besorgen. Wie? Ich rief bei den Zeitungen an und kündigte für den folgenden Morgen eine Predigt zu dem Thema an: ›Was ich tun würde, wenn ich eine Million Dollar hätte.‹ Ich fing sofort an, die Predigt zu schreiben. Das fiel mir offen gestan-

den gar nicht schwer, denn schließlich hatte ich mich ja fast zwei Jahre lang darauf vorbereitet. Der Geist, der ihr zugrunde lag, war mir in Fleisch und Blut übergegangen!

Am folgenden Tag stand ich früh auf, kniete nieder und betete, dass die Predigt jemand hören möge, der das nötige Geld lockermachen würde.

Während ich betete, hatte ich wieder das sichere Gefühl, dass das Geld fließen würde. Ich war so aufgeregt, dass ich meinen Predigttext liegen ließ, was ich erst merkte, als ich schon auf der Kanzel stand.

Da war es zu spät, um meine Aufzeichnungen zu holen – und das war ein wahrer Segen! Mein Unterbewusstsein lieferte mir alles, was ich brauchte. Als ich mich erhob, um zu predigen, schloss ich die Augen und sprach frei von der Leber weg aus, wovon ich träumte. Dabei wendete ich mich nicht nur an meine Gemeinde, sondern ich sprach auch zu Gott. Ich erzählte, was ich mit einer Million Dollar anfangen würde.

Das ursprüngliche Armour Institute of Technology Laboratory. 1940 wurde es mit dem Lewis Institute zum Illinois Institute of Technology zusammengelegt, das bis heute existiert.

Ich schilderte meinen Plan zum Aufbau einer großartigen Schule, an der junge Menschen praktische Dinge erlernen und sich gleichzeitig geistig weiterentwickeln würden.

Kaum hatte ich mich wieder hingesetzt, als sich ein Mann erhob und nach vorne kam. Ich fragte mich, was er vorhatte. Er ging auf mich zu, reichte mir die Hand und sagte: ›Reverend, Ihre Predigt hat mir gut gefallen. Ich glaube Ihnen, dass Sie das alles schaffen könnten, wenn Sie eine Million Dollar hätten. Und um Ihnen das zu beweisen, werde ich Ihnen die Million geben. Kommen Sie doch morgen früh in mein Büro. Mein Name ist Philip D. Armour.‹«

Der junge Gunsaulus suchte Armours Büro auf und holte sich die Million ab. Mit dem Geld gründete er das Armour Institute of Technology.

Die nötige Million war die Frucht einer Idee. Und diese Idee fußte auf einem *Anliegen*, das der junge Gunsaulus fast zwei Jahre lang mit sich herumgetragen hatte.

Der wesentliche Punkt: Er bekam das Geld 36 Stunden, nachdem er den konkreten Entschluss gefasst hatte, es zu beschaffen – und einen festen Plan.

Beachten Sie dabei die eine wesentliche Gemeinsamkeit von Asa Candler und Dr. Frank Gunsaulus: Beiden war der erstaunliche Umstand bewusst, dass sich *Ideen durch die Macht eines konkreten Anliegens in Verbindung mit klaren Plänen zu Geld machen lassen.*

Ideen aktivieren geistige Kräfte und üben dadurch mehr Einfluss aus als die physischen Gehirne, denen sie entspringen. Sie können fortbestehen, wenn das Gehirn, dem sie entstammen, längst zu Staub zerfallen ist.

Nehmen Sie die Macht des christlichen Glaubens. Auch er begann mit einer einfachen Idee im Kopf von Jesus Christus. Seine goldene Regel lautete: »Alles nun, was ihr wollt, dass euch die Leute tun sollen, das tut auch ihnen.« Christus ist längst dorthin zurückkehrt, woher er kam, doch seine **Idee** lebt weiter. Sie wird weiterwachsen, und irgendwann wird vielleicht ihre große Stunde kommen. Dann wird sich das größte *Anliegen* von Christus erfüllt haben. Die **Idee** existiert ja erst seit 2000 Jahren. Lassen wir ihr ruhig noch ein bisschen Zeit!

Für Erfolg braucht man keine Ausrede.
Für Misserfolg gibt es keine.

Wir sind Herr über unser Schicksal und Meister unserer Seele, weil wir in der Lage sind, unsere Gedanken zu steuern.

– NAPOLEON HILL

WIE SIE DIE FANTASIE WEITERBRINGT …

1. Wie sieht die Werkstatt Ihres Geistes aus?
2. Was bringt Ihnen Ihre Werkstatt im Leben?
3. Welche Werte liegen Ihnen am meisten am Herzen?
4. Werden diese Werte Ihr Anliegen in real greifbares Geld verwandeln?
5. Was können Sie tun, um Ihre Fantasie zu entwickeln und grenzenlosen Erfolg zu haben?

DRITTES PRINZIP

DURCHHALTE-VERMÖGEN

ZUM ERFOLG GEHÖRT AUSDAUER

Ausdauer ist ein wesentlicher Faktor für die Verwandlung eines dringenden *Anliegens* in klingende Münze. Und Ausdauer setzt Willenskraft voraus.

Die meisten Menschen werfen ihre Ziele und Überzeugungen schnell über Bord und geben schon beim ersten Anzeichen für Widerstand oder Pech auf. Ein paar wenige bleiben allen Widrigkeiten zum Trotz unbeirrt, bis sie ihr Ziel erreicht haben. Das sind die Fords, die Carnegies, die Rockefellers und die Edisons.

Durchhaltevermögen ist eine Einstellung, die man sich aneignen kann. Wie alle Einstellungen gründet sich auch die Ausdauer auf bestimmte Faktoren wie:

1. **EIN KLARES ZIEL: Der erste und vielleicht wichtigste Schritt zur Entwicklung von Ausdauer besteht darin, zu wissen, was man will. Wer ein starkes Motiv hat, kann viele Schwierigkeiten überwinden.**

2. **EIN ANLIEGEN: Wer ein echtes Anliegen hat, dem fällt es leichter, sich Durchhaltevermögen anzueignen und beizubehalten.**

3. **SELBSTVERTRAUEN: Wer daran glaubt, dass er einen Plan umsetzen kann, kann mit größerer Ausdauer daran festhalten.**

4. **KONKRETE PLANUNG: Systematische Pläne, so wenig überzeugend oder unrealistisch sie auch sein mögen, steigern die Ausdauer.**

5. **SICHERES WISSEN: Wer aus Erfahrung oder Beobachtung weiß, dass die eigenen Pläne tragfähig sind, hält besser durch. Wer »spekuliert«, statt zu »wissen«, untergräbt sein Durchhaltevermögen.**

6. **TEAMGEIST: Einfühlungsvermögen, Verständnis und harmonische Zusammenarbeit mit anderen tragen zur Entwicklung von Ausdauer bei.**

7. **WILLENSKRAFT: Die Angewohnheit, die eigenen Gedanken auf die Entwicklung von Plänen zum Erreichen eines**

bestimmten Ziels auszurichten, führt zu Durchhaltevermögen.

8. **GEWOHNHEIT: Ausdauer ist die direkte Folge von Gewohnheit. Der menschliche Geist nimmt die täglichen Erfahrungen, von denen er lebt, in sich auf und wird Teil davon. Gegen Angst, den größten Feind, lässt sich effektiv Abhilfe schaffen, indem man sich zwingt, immer wieder couragiert vorzugehen. Das weiß jeder, der aktiven Militärdienst geleistet hat.**

Ziehen Sie Bilanz und ermitteln Sie, in welcher Hinsicht Ihnen diese wesentliche Eigenschaft abgeht – wenn überhaupt. Prüfen Sie sich selbstkritisch, und stellen Sie fest, wie viele der acht Durchhaltefaktoren Ihnen fehlen. Die Analyse kann Ihnen Aspekte offenbaren, die Ihnen zu ganz neuer Selbstbeherrschung verhelfen.

ANZEICHEN FÜR MANGELNDE AUSDAUER

Im Folgenden erfahren Sie mehr über Ihr größtes Hindernis für herausragende Leistungen. Sie erkennen nicht nur die »Symptome« für schwaches **Durchhaltevermögen**, sondern auch die tiefsitzenden unterbewussten Ursachen für diese Schwäche. Lesen Sie diese Liste aufmerksam, und seien Sie ehrlich zu sich selbst: *Wollen Sie wirklich wissen, wer Sie sind und was Sie erreichen können?* Wer reich werden will, muss die folgenden Schwächen in den Griff bekommen:

1. **Nicht zu erkennen und klar zu definieren, was man wirklich will.**
2. **Mit oder ohne Grund zu zaudern (gewöhnlich untermauert durch eine lange Litanei von Ausreden und Ausflüchten).**
3. **Mangelndes Interesse am Erwerb von Fachkenntnissen.**
4. **Unentschlossenheit. Die Gewohnheit, immer anderen den Schwarzen Peter zuzuschieben,**

statt sich Problemen zu stellen. (Ebenfalls unter Ausflüchten.)

5. **Die Angewohnheit, Ausreden zu finden, statt sich konkrete Pläne zur Lösung von Problemen zu überlegen.**
6. **Selbstgefälligkeit. Gegen diese Krankheit ist kaum ein Kraut gewachsen. Wer darunter leidet, ist ein hoffnungsloser Fall.**
7. **Gleichgültigkeit, die sich in aller Regel in ständiger Kompromissbereitschaft äußert, statt aktiv Widerstand zu leisten.**
8. **Die Angewohnheit, anderen die eigenen Fehler in die Schuhe zu schieben und widrige Umstände als unvermeidbar hinzunehmen.**
9. **Mangelndes Engagement aufgrund von Nachlässigkeit bei der Auswahl der Motive, die zur Handlung antreiben.**
10. **Die Bereitschaft oder gar Bereitwilligkeit, beim ersten Anzeichen für eine Niederlage die Flinte ins Korn zu werfen.**
11. **Mangelnde systematische Planung, die schriftlich niedergelegt wird, um sie analysieren zu können.**

12. **Die Angewohnheit, auf Ideen nicht zu reagieren oder Chancen nicht zu ergreifen, wenn sie sich bieten.**
13. **Zu wünschen statt zu wollen.**
14. **Die Angewohnheit, sich mit der Armut abzufinden, statt nach Reichtum zu streben. Die allgemeine Abwesenheit von Ambitionen, jemand zu sein, etwas zu tun und etwas zu besitzen.**

15. **Die Suche nach leichteren Wegen zum Geld, der Versuch, zu nehmen ohne entsprechende Gegenleistung, der sich gewöhnlich in der Neigung zum Glücksspiel und zur Feilscherei äußert.**
16. **Angst vor Kritik. Von vornherein keine Pläne zu schmieden oder sie nicht umzusetzen, im Gedanken an das, was andere denken, tun oder sagen werden. Dieser Feind sollte ganz oben auf der Liste stehen, denn er lauert gewöhnlich unbemerkt im Unterbewusstsein.**

Werfen wir einen näheren Blick auf die Symptome der Angst vor Kritik. Die meisten Menschen gestatten Angehörigen, Freunden und der breiten Öffentlichkeit, sie so zu beeinflussen, dass sie aus lauter Angst vor Kritik nicht in der Lage sind, selbstbestimmt zu leben.

Enorm viele Menschen heiraten den falschen Partner, halten aber an der Ehe fest und gehen elend und unglücklich durchs Leben, weil sie Angst vor der Kritik haben, die sie auf sich ziehen könnten, wenn sie den Fehler korrigieren. (Jeder, der schon einmal dieser Form der Angst nachgegeben hat, weiß, welch irreparable Schäden sie anrichtet, indem sie Ehrgeiz, Selbstvertrauen und Erfolgswillen unterminiert.)

Millionen von Menschen verzichten darauf, Bildung nachzuholen, nachdem sie die Schule verlassen haben, weil sie Kritik befürchten.

Zahllose Männer und Frauen jeden Alters lassen im Namen des Pflichtbewusstseins zu, dass ihre Familien ihr Leben zerstören, weil sie Angst vor Kritik haben. (Pflichtbewusstsein verlangt von niemandem, zuzulassen, dass seine persönlichen Ambitionen zerstört werden, und auf das Recht zu verzichten, sein Leben selbstbestimmt zu leben.) Menschen lassen geschäftliche Chancen ungenutzt, weil sie Kritik fürchten, falls sie scheitern. *Die Angst vor Kritik ist in solchen Fällen stärker als das Anliegen, Erfolg zu haben.*

Zu viele Menschen wollen sich keine ehrgeizigen Ziele setzen, ja, entscheiden sich sogar gegen eine berufliche Karriere, weil sie die Kritik ihrer Familien und »Freunde« fürchten, die sagen könnten: »Wenn du so hoch hinaus willst, werden dich alle für verrückt halten.«

Der einzige glückliche Zufall, auf den man sich verlassen kann, ist der selbst herbeigeführte. Und das gelingt durch **Beharrlichkeit**. Die Grundlage dafür ist

Zielstrebigkeit. Fragen Sie die ersten 100 Leute, die Ihnen über den Weg laufen, was sie sich im Leben am meisten wünschen. 98 Prozent werden keine Antwort darauf haben. Wenn Sie nachhaken, werden manche Sicherheit nennen, andere Geld, ein paar Glück und wieder andere Ruhm und Macht. Noch andere werden sagen, gesellschaftliche Anerkennung, ein leichtes Leben oder singen, tanzen oder schreiben zu können. Doch niemand wird das näher definieren oder auch nur den leisesten Hauch eines **Plans** vorweisen können, durch den er diese vage formulierten Wünsche zu verwirklichen hofft. *Das Leben ist aber kein Wunschkonzert.* Reichtum stellt sich nur ein, wenn Sie konkrete Pläne haben, denen ein klares Anliegen zugrunde liegt und die Sie **beharrlich** umsetzen.

WIE SIE AUSDAUER ENTWICKELN

Es sind vier einfache Schritte, die zu gewohnheitsmäßiger **Beharrlichkeit** führen. Sie erfordern weder besondere Intelligenz noch höhere Bildung und nur wenig Zeit und Mühe. Die nötigen Schritte sind:

1. **Ein konkretes Ziel, dem das dringende Anliegen zugrunde liegt, es zu erreichen.**

2. **Ein konkreter Plan, der sich in laufender Aktivität ausdrückt.**

3. **Eine Einstellung, die sich hermetisch gegen alle negativen und entmutigenden Einflüsse abschottet, einschließlich negativer Impulse aus der Familie und dem Freundes- und Bekanntenkreis.**

4. **Ein freundschaftliches Bündnis mit einer oder mehreren Personen, die dazu ermutigen, den Plan und das Ziel bis zum Ende zu verfolgen.**

Diese vier Schritte sind die Voraussetzung für Erfolg in allen Lebenslagen. Der Zweck der Grundsätze dieser Philosophie ist im Grunde nur, Menschen in die Lage zu versetzen, diese vier Schritte gewohnheitsmäßig zu unternehmen.

Es sind die Schritte, durch die sich das eigene wirtschaftliche Geschick steuern lässt.
Es sind die Schritte, die zu freiem, unabhängigem Denken führen.
Es sind die Schritte, die zu – großem oder bescheidenerem – Reichtum führen.
Es sind die Schritte, die zu Macht, Ruhm und irdischer Anerkennung führen.
Es sind die vier Schritte, die für glückliche Zufälle sorgen.
Es sind die Schritte, die Träume Wirklichkeit werden lassen.
Und nebenbei sind es die Schritte, die dazu führen, dass Sie ANGST, ENTMUTIGUNG und GLEICHGÜLTIGKEIT in den Griff bekommen.

Wer lernt, diese vier Schritte zu gehen, wird dafür reich belohnt – mit dem Privileg, sein Leben selbst zu bestimmen und ihm den selbst festgelegten Preis abzufordern.

Die meisten Menschen feiern ihren größten Erfolg nur einen Schritt nach ihrem größten Fehlschlag.

– NAPOLEON HILL

WIE SIE DIE BEHARRLICHKEIT WEITERBRINGT …

1. Wie können Sie Ihre Willenskraft steigern und dynamisch auf Ihre Ziele zuarbeiten?
2. Wie reagieren Sie richtig auf Hindernisse?
3. Wie können Sie negative Reaktionen in positive Schritte hin zu mehr Beharrlichkeit verwandeln?
4. Wie können Sie das Unmögliche möglich machen, wenn Hindernisse zwischen Ihnen und Ihren Zielen stehen?
5. Wenn »jede Widrigkeit auch einen entsprechenden Vorteil in sich trägt«, was können Sie dann aus Ihren bisherigen Fehlschlägen lernen?

VIERTES PRINZIP

DIE MACHT DES »MASTER-MIND«-PRINZIPS

DIE TREIBENDE KRAFT

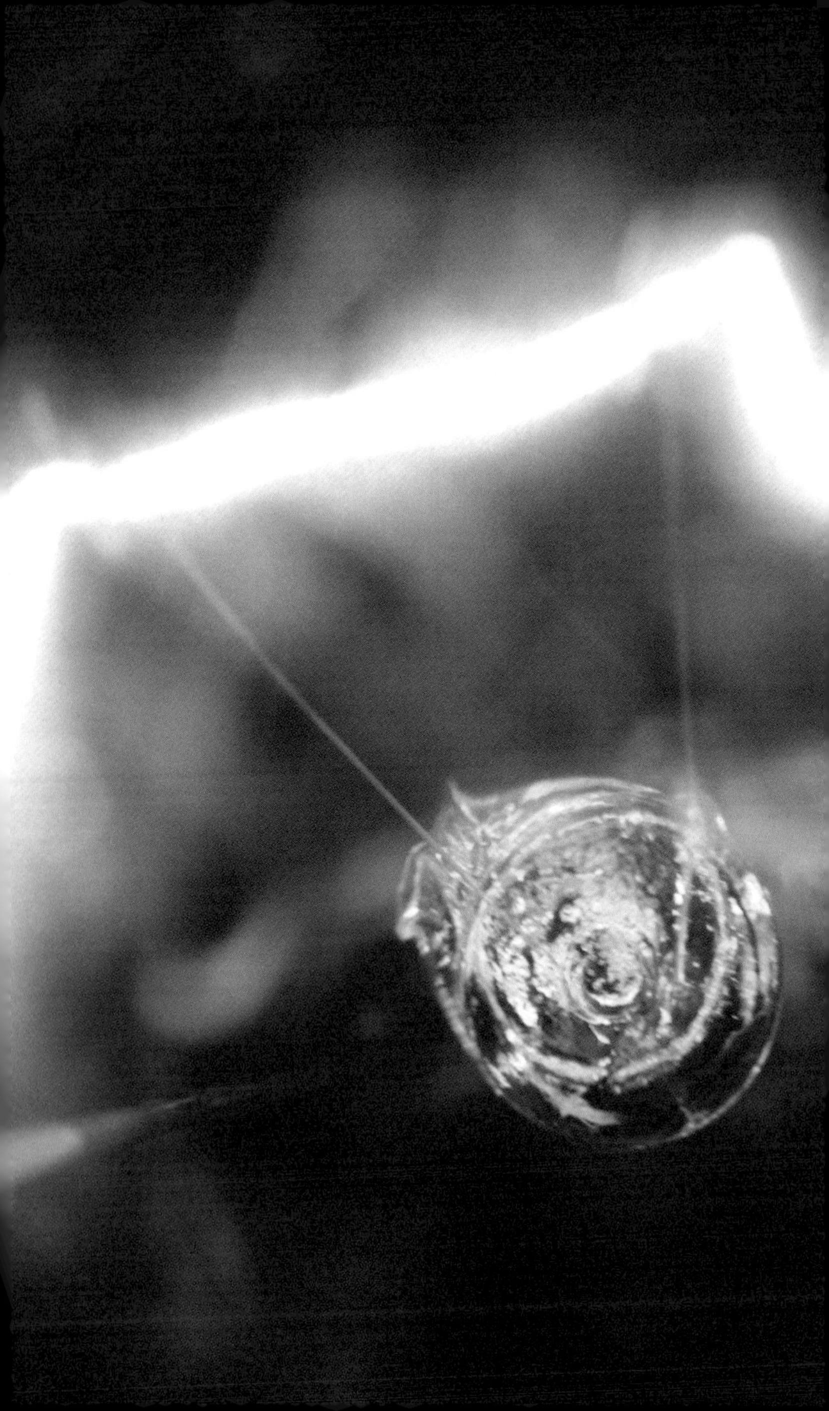

Macht ist die Voraussetzung für finanziellen Erfolg. Pläne sind müßig und nutzlos, wenn man nicht die Macht hat, sie auch in die Tat umzusetzen. Das vorliegende Kapitel beschreibt, wie man Macht erlangt und wie man sie anwenden kann.

Macht lässt sich definieren als »systematisch und intelligent eingesetztes Wissen«. Macht im Sinne dieses Buches bezieht sich auf gezielte Bestrebungen, die es einem Menschen ermöglichen, sein *Anliegen* in seine monetäre Entsprechung zu verwandeln. Solche gezielten Bestrebungen erfolgen durch die koordinierten Bemühungen zweier oder mehrerer Menschen, die im Geist der Harmonie auf ein bestimmtes Ziel hinarbeiten.

Macht ist die Voraussetzung, um reich zu werden, und sie ist notwendig, um einmal erworbenen Reichtum zu wahren!

Finden wir heraus, wie man sich Macht verschaffen kann. Wenn sie »systematisch eingesetztes Wissen« ist, dann wollen wir näher untersuchen, woher sich dieses Wissen beziehen lässt:

1. **DIE GRENZENLOSE INTELLIGENZ: Diese Wissensquelle lässt sich durch das in einem anderen Kapitel beschriebene Verfahren anzapfen – mithilfe der schöpferischen Vorstellungskraft.**

2. **DAS GESAMMELTE WISSEN: Die gesammelten Erkenntnisse der Menschheit (beziehungsweise der Teil davon, der systematisch erfasst und aufgezeichnet wurde) sind in jeder ordentlichen öffentlichen Bibliothek zu finden. Ein wesentlicher Teil dieses gesammelten Wissens wird, klassifiziert und organisiert, an öffentlichen Schulen und Hochschulen gelehrt.**

3. **EXPERIMENTE UND FORSCHUNG: In der Wissenschaft und in praktisch jedem anderen Lebensbereich sammeln, klassifizieren und organisieren die Menschen täglich neue Fakten. Dies ist die Quelle, an die Sie sich wenden**

müssen, wenn Sie Informationen suchen, die im »gesammelten Wissen « nicht verfügbar sind. Das erfordert in aller Regel schöpferische Vorstellungskraft.

Wissen kann aus jeder der genannten Quellen bezogen werden. Es lässt sich in **Macht** umsetzen, indem man es systematisch in konkreten **Plänen** zusammenfasst und diese Pläne in die **Praxis** umsetzt.

Ein Blick auf die drei Hauptquellen des Wissens offenbart rasch die Probleme, auf die jeder stößt, der sich beim Bezug von Wissen und dessen **praktischer Umsetzung** durch konkrete Pläne nur auf seine eigenen Anstrengungen verlassen muss. Sind seine Pläne umfangreich und entsprechend aufwendig zu realisieren, so muss er in der Regel andere dazu bringen, mit ihm zusammenzuarbeiten, damit er das nötige **Machtelement** in die Planung einfließen lassen kann.

MACHT DURCH »MASTER MIND«

»Master Mind« lässt sich definieren als: »Koordination von Wissen und Engagement im Geist der Harmonie zwischen zwei oder mehr Menschen, um ein bestimmtes Ziel zu erreichen.«

Das »Master-Mind«-Prinzip wurde mir erstmals vor über 25 Jahren von Andrew Carnegie zu Bewusstsein gebracht. Dass ich mir dieses Prinzip erschloss, war für die Wahl meines Lebenswerks verantwortlich.

Carnegies »Master-Mind«-Gruppe bestand aus einem Stab aus rund 50 Mitarbeitern, mit denen er sich zu dem **konkreten Zweck** umgab, Stahl zu produzieren und zu vermarkten. Er schrieb sein gesamtes Vermögen der **Macht** zu, die er durch seine »Master-Mind«-Gruppe erlangte.

Eine Analyse des Werdegangs aller Menschen, die es zu sagenhaftem Reichtum gebracht haben, und vieler derjenigen, die kleinere Vermögen aufgebaut haben, ergibt, dass sie sich alle – bewusst oder unbewusst – des »Master-Mind«-Prinzips bedient haben.

Keine andere Methode bringt so viel Macht!

Mehrere Batterien liefern bekanntlich mehr Energie als eine. Und jeder weiß, dass es von der Anzahl und Leistungsfähigkeit der darin enthaltenen Zellen abhängt, wie viel Energie eine einzelne Batterie abgibt.

Das Gehirn funktioniert ähnlich. Aus diesem Grund arbeiten manche Gehirne effizienter als andere, was uns zu einer maßgeblichen Aussage führt: Eine Gruppe von in einem Geist der Harmonie koordinierten (oder vernetzten) Gehirnen liefert mehr Gedankenenergie als ein einzelnes – so, wie mehrere Batterien mehr Energie liefern als eine.

Thomas Edison, John Burroughs und Henry Ford
(um 1914)

Diese Metapher macht deutlich, dass im »Master-Mind«-Prinzip das Geheimnis der von Menschen ausgeübten Macht liegt, die sich mit anderen klugen Köpfen umgeben.

Es folgt eine weitere Feststellung, die uns das »Master-Mind«-Prinzip noch besser erklärt: Werden mehrere Gehirne koordiniert und arbeiten harmonisch zusammen, steht die durch diese Allianz erzeugte und verstärkte Energie jedem einzelnen Gehirn der Gruppe zur Verfügung.

Es ist allgemein bekannt, dass Henry Ford seine Karriere mit drei Handicaps in Angriff nahm, nämlich dass er arm, ungebildet und unwissend war. Vielen ist auch bekannt, dass Ford diese drei Handicaps innerhalb von zehn Jahren überwand und in nur 25 Jahren zu einem der reichsten Männer Amerikas wurde. Wenn Sie nun noch erfahren, dass Fords Karriere erst richtig in Schwung kam, nachdem er sich enger mit Thomas A. Edison angefreundet hatte, werden Sie erkennen, welchen Einfluss ein kluger Kopf auf einen anderen ausüben kann. Berücksichtigen Sie dann auch noch den Umstand, dass Ford seine größten Erfolge feierte, nachdem er Bekanntschaft mit Harvey Firestone, John Burroughs und Luther Burbank geschlossen hatte (drei ausgesprochen kluge Männer), dann liefert Ihnen das ein weiteres Indiz dafür, dass der freundschaftliche Zusammenschluss kluger Menschen Macht hervorbringt.

Dass Henry Ford zu den bestinformierten Personen in Wirtschaft und Industrie zählte, ist kaum zu bezweifeln. Dass er reich war, steht außer Frage. Ein genauerer Blick auf seine engen persönlichen Freunde, von denen manche bereits genannt wurden, macht folgende Aussage leicht nachvollziehbar:

»Jeder übernimmt das Wesen, die Gewohnheiten und die Kraft der Gedanken der Menschen, mit denen er sich in Sympathie und Harmonie umgibt.«

Henry Ford überwand Armut, mangelnde Bildung und Unwissenheit, indem er sich mit den klügsten Köpfen zusammentat, deren gedankliche Vibrationen er in sein eigenes Denken einfließen ließ. Mittels seiner Beziehung zu Edison, Burbank, Burroughs und Firestone vergrößerte Ford seine eigene geistige Kapazität durch die Summe und Substanz der Intelligenz, Erfahrung, Kompetenz und spirituellen Kräfte dieser vier Männer. Außerdem eignete er sich mithilfe der in diesem Buch beschriebenen Verfahrensweisen das »Master-Mind«-Prinzip an und nutzte es.

Und dieses Prinzip steht auch Ihnen zur Verfügung.

Bedenken Sie, was Mahatma Gandhi geleistet hat. Die Mehrheit der Menschen, die schon einmal von ihm gehört haben, betrachtet ihn womöglich nur als exzentrisches Männchen, das formlos gekleidet umherwandelte und der britischen Regierung Probleme bereitete.

In Wirklichkeit war Gandhi aber kein Exzentriker, sondern der mächtigste Mann seiner Zeit. (Jedenfalls gemessen an der Zahl seiner Anhänger und an deren Vertrauen in ihren Anführer.) Vermutlich ist er sogar

Fords Model T von 1921, spiegelblank poliert, in Washington, DC (um 1938)

»Jeder übernimmt das Wesen, die Gewohnheiten und die Kraft der Gedanken der Menschen, mit denen er sich in Sympathie und Harmonie umgibt.«

der mächtigste Mann aller Zeiten. Seine Macht war zwar passiv, aber durchaus real.

Befassen wir uns ein bisschen näher damit, wie er diese unglaubliche Macht erlangte. Das ist mit wenigen Worten erklärt. Er kam dazu, indem er über 200 Millionen Menschen dazu brachte, sich geistig und körperlich im Geist der Harmonie zu einem bestimmten Zweck zu koordinieren.

Kurz, Gandhi hat ein Wunder vollbracht, denn es ist ein Wunder, dass 200 Millionen Menschen dazu animiert – nicht gezwungen – werden können, auf unbestimmte Zeit harmonisch zusammenzuarbeiten.

Das glauben Sie nicht? Dann versuchen Sie doch mal, auch nur zwei beliebige Menschen dazu zu bringen, eine gewisse Zeit im Geist der Harmonie zusammenzuarbeiten.

Jeder Manager weiß, wie schwierig es zu bewerkstelligen ist, dass Mitarbeiter auch nur ansatzweise harmonisch zusammenarbeiten.

Ganz oben auf der Liste der Hauptquellen für Macht steht, wie Sie sehen, die grenzenlose Intelligenz. Koordinieren sich zwei oder mehr Menschen im Geist der Harmonie und arbeiten auf ein bestimmtes Ziel zu, bringen sie sich durch diese Allianz in die richtige Ausgangsposition, um direkt Macht aus dem großen universellen Reservoir der grenzenlosen Intelligenz abzuzapfen. Das ist die allergrößte Machtquelle. Aus dieser Quelle schöpft nicht nur das Genie, sondern jede fähige Führungspersönlichkeit (ob bewusst oder unbewusst). Die anderen beiden Hauptquellen, aus denen das Wissen bezogen werden kann, das Macht zugrunde liegt, sind nur so zuverlässig wie die fünf Sinne des Menschen. Und diese Sinne funktionieren nicht immer einwandfrei. Die grenzenlose Intelligenz dagegen irrt nie.

Geld ist so scheu und so schwer zu erobern wie in »alten Zeiten« die sprichwörtliche Jungfrau. Es will auf eine Weise umworben und gewonnen werden, die der eines Mannes, der wild entschlossen ist, die Dame seiner Wahl zu erobern, nicht unähnlich ist. Und zufällig unterscheidet sich auch die Macht, die beim »Werben« ums Geld zum Einsatz kommt, nicht wesentlich von der in der Liebe eingesetzten. Diese Macht muss, wenn sie zu finanziellem Erfolg führen soll, mit Glauben einhergehen, mit einem *dringenden Anliegen* und mit Ausdauer. Sie muss durch einen Plan Anwendung finden, und dieser Plan muss in die Praxis umgesetzt werden.

Das »große Geld« fließt dem, der es bekommt, in rauen Mengen zu – so leicht wie bergab fließendes Wasser. Es gibt einen gewaltigen, unsichtbaren Strom der Macht, vergleichbar mit einem Fluss, der auf der einen Seite aufwärtsfließt und alle, die auf dieser Seite ins Wasser steigen, zum Reichtum trägt, während er auf der anderen Seite abwärts strömt und die Unglücklichen, die hineingeraten sind (und sich nicht rechtzeitig ans Ufer retten können), in Not und Armut hinabzieht.

Jeder, der es zu Geld gebracht hat, kennt diesen Strom des Lebens. Er besteht im eigenen Denkprozess. Die von positiven Emotionen getragenen Gedanken bilden die Seite des Stroms, die zum Wohlstand führt, die von negativen Gefühlen geprägten die Seite, die in die Armut mündet.

Armut und Reichtum können sich auch ablösen. Das hat der Börsencrash der Welt unmissverständlich klargemacht – auch wenn sie daraus nicht unbedingt eine nachhaltige Lehre zieht. Armut kann unvermittelt an die Stelle von Reichtum treten – und das kommt gar nicht so selten vor. Nimmt aber umgekehrt Reichtum die Stelle der Armut ein, so geschieht das gewöhnlich infolge ausgeklügelter, sorgfältig ausgeführter Pläne. Armut braucht keinen Plan. Sie benötigt keine Hilfestellung, weil sie dreist und skrupellos ist. Reichtum dagegen ist zurückhaltend und schüchtern. Er will »umworben« werden.

Viele wären gerne reich. Doch nur wenige wissen, dass ein konkreter Plan zusammen mit dem *dringenden Anliegen*, zu Geld zu kommen, die einzigen zuverlässigen Mittel sind, um sich ein großes Vermögen aufzubauen.

Menschenansammlung vor der New Yorker Börse
nach dem Crash von 1929

Ganz oben auf der Erfolgsleiter ist es stets einsam.

– NAPOLEON HILL

WIE SIE DAS »MASTER-MIND«-PRINZIP WEITERBRINGT ...

1. Wenn der beste Plan nichts taugt, solange die Macht fehlt, ihn umzusetzen, wie können Sie dann auf Ihre Ziele zuarbeiten?
2. Wie kann man seine eigene Macht nutzen, um die nötigen Schritte zu unternehmen?
3. Sie wissen, was herauskommt, wenn zwei oder mehr Menschen ihr Wissen bündeln. Mit wem können Sie zusammenarbeiten?
4. Sie kennen den Zusammenhang zwischen einer positiven Einstellung und mehr Geld. Welche negativen Einstellungen halten Sie davon ab, reich und erfolgreich zu werden?
5. Wie können Sie zu einer positiveren Einstellung finden, um Erfolg zu haben?

FÜNFTES PRINZIP

DIE GRUNDÄNGSTE

WIE SIE DIE SECHS GRUNDÄNGSTE AUSTRICKSEN

Dieses Kapitel soll die Ursachen der sechs Grundformen der Angst beleuchtet – und ihre Gegenmittel. Bevor wir einen Feind besiegen können, müssen wir ihn kennen. Wir müssen wissen, wer er ist, wie er sich verhält, und wo er sich versteckt. Prüfen Sie sich selbst beim Lesen aufmerksam, und stellen Sie fest, welche der sechs verbreiteten Ängste – wenn überhaupt – sich bei Ihnen eingenistet haben.

DIE SECHS GRUNDFORMEN DER ANGST

Es gibt sechs Grundängste, unter denen jeder Mensch irgendwann einmal in irgendeiner Kombination leidet. Wer Glück hat, muss sich nicht mit allen sechs herumquälen. Nach der Häufigkeit ihres Auftretens handelt es sich dabei um:

Die Angst vor ARMUT
Die Angst vor KRITIK
Die Angst vor KRANKHEIT

Die Angst davor, die LIEBE EINES ANDEREN MENSCHEN ZU VERLIEREN
Die Angst vor dem ALTER
Die Angst vor dem TOD

Alle anderen Ängste sind von untergeordneter Bedeutung, denn sie lassen sich unter einem dieser sechs Oberbegriffe einordnen.

1. DIE ANGST VOR ARMUT

Zwischen Armut und Reichtum gibt es keinen Kompromiss. Die Wege in die Armut und in den Reichtum führen in entgegengesetzte Richtungen. Wer reich werden will, muss sich allem verweigern, was in die Armut führt. (»Reichtum« ist hier im weitesten Sinne des Wortes zu verstehen, also finanziell, spirituell, geistig und materiell.)

Ausgangspunkt des Wegs zum Reichtum ist ein *Anliegen*. Im ersten Kapitel haben Sie erfahren, wie Sie ein *Anliegen* richtig umsetzen. In diesem Kapitel über **Angst** finden Sie wertvolle Hinweise dazu, wie

Sie sich mental darauf vorbereiten, ein *Anliegen* praktisch zu nutzen.

Die Armutsangst ist zweifellos die zerstörerischste der sechs Grundängste. Sie steht ganz oben auf der Liste, weil sie am schwierigsten zu überwinden ist. Es erfordert einigen Mut, sich der Realität zu stellen, woher diese Angst kommt – und noch mehr Mut, diese Realität auch zu akzeptieren. Die Angst vor Armut entsteht aus der in seinem natürlichen Erbe angelegten Tendenz des Menschen, *sich wirtschaftlich an seinen Mitmenschen zu bereichern*. Fast alle Tiere werden vom Instinkt motiviert. Ihr Denkvermögen ist begrenzt, weshalb sie aufeinander Jagd machen. Der Mensch mit seiner überlegenen Intuition und seinem Verstand fällt zwar nicht physisch über seine Artgenossen her, nimmt sie aber **finanziell** aus, was ihm mehr Befriedigung verschafft. Dabei legt er eine solche Gier an den Tag, dass alle möglichen Gesetze erlassen wurden, um ihn vor sich selbst zu schützen.

Dass die Angst vor der Armut ganz oben auf der Liste steht, kommt daher, weil der Mensch vom Geld und von den Nöten, die Geldmangel mit sich bringt, so besessen ist.

2. DIE ANGST VOR KRITIK

Woher diese Angst kommt, kann niemand so genau sagen, doch eins steht fest: Der Mensch hat sie weit entwickelt. Manche erklären, diese Angst sei erstmals aufgekommen, als Politik zum »Beruf« wurde.

Die Angst vor Kritik beraubt einen Menschen seiner Initiative, zerstört seine Vorstellungskraft, schränkt seine Individualität ein, nimmt ihm Selbstvertrauen und schadet ihm noch auf unzählige andere Arten. Eltern fügen ihren Kindern durch Kritik oft unheilbare Wunden zu. Die Mutter eines meiner Kindheitsfreunde traktierte ihn zur Strafe beinahe täglich mit einer Rute und schloss jedes Mal mit den Worten: »Du landest noch im Zuchthaus, bevor du 20 bist.« Mit 17 Jahren kam er in eine Besserungsanstalt.

Kritik ist der einzige Dienst, der allen im Überfluss erwiesen wird. Jeder hat davon stets etwas parat, das er gratis austeilt – und unaufgefordert obendrein. Die schlimmsten Kritiker sind oft die nächsten Angehörigen. Es sollte eigentlich unter Strafe gestellt werden (denn es ist ein Verbrechen der schlimmsten Sorte), wenn Eltern in ihren Kindern durch unangebrachte

Kritik Minderwertigkeitskomplexe heranzüchten. Arbeitgeber mit Menschenkenntnis holen aus ihren Mitarbeitern nicht durch Kritik das Beste heraus, sondern durch konstruktive Anregungen. Dasselbe können Eltern auch bei ihren Kindern erreichen. Kritik flößt dem menschlichen Herz **Angst** ein, nicht Liebe oder Zuneigung.

3. DIE ANGST VOR KRANKHEIT

Diese Angst haben wir unserem physischen und unserem gesellschaftlichen Erbgut zu verdanken. Sie hat einen ähnlichen Ursprung wie die Angst vor dem Alter und die Angst vor dem Tod, denn sie führt uns nah an »schreckliche Welten« heran, die dem Menschen unbekannt sind, über die er aber Beunruhigendes gehört hat. Eine durchaus gängige Meinung ist auch, dass gewissenlose Menschen, die mit der Gesundheit Geschäfte machen, viel dazu beigetragen haben, die Angst vor Krankheiten zu schüren.

Ärzte verordnen ihren Patienten einen Klimawechsel, damit sie zur Gesundung eine andere Einstellung gewinnen. Die Angst vor Krankheit keimt in jedem Menschen. Sorgen, Ängste, Entmutigung, Enttäuschungen in der Liebe oder im Beruf sorgen dafür, dass die Saat aufgeht und wächst. In der jüngsten Wirtschaftskrise hatten die Ärzte alle Hände voll zu tun, denn jede Form des negativen Denkens kann krank machen.

Enttäuschungen im Beruf und in der Liebe stehen ganz oben auf der Liste der Gründe für die Angst vor Krankheiten. Ein junger Mann landete aus enttäuschter Liebe sogar im Krankenhaus. Monatelang schwebte er zwischen Leben und Tod. Schließlich wurde ein Spezialist für suggestive Therapie hinzugezogen. Dieser wechselte die Krankenschwestern aus und überließ ihn der Obhut einer ausgesprochen charmanten jungen Dame, die ihn (wie mit dem Arzt verabredet) nach allen Regeln der Kunst umgarnte, sobald sie ihren Dienst angetreten hatte. Nach drei Wochen konnte der Patient entlassen werden. Er litt zwar immer noch, aber an einer ganz anderen Krankheit: **Er war verliebt**. Seine Heilung gelang durch einen Trick, und am Ende ehelichte er die Krankenschwester.

4. DIE ANGST VOR DEM VERLUST DER LIEBE

Eifersucht und ähnliche psychische Störungen sind die Folge der natürlich ererbten Angst des Menschen, die Liebe eines anderen zu verlieren. Diese Angst ist die schmerzlichste aller sechs grundlegenden Ängste. Sie richtet in Körper und Geist vermutlich die schlimmsten Schäden an und führt oft zu dauerhafter Unzurechnungsfähigkeit.

Die Angst vor dem Verlust der Liebe reicht wohl zurück bis in die Steinzeit, als Männer Frauen noch mit roher Gewalt entführten. Im Grundsatz gibt es das auch heute noch, nur die Methoden haben sich geändert. Statt Gewalt anzuwenden, setzen die Männer heute Überredungskünste ein. Die Aussicht auf schöne Kleider, Autos und andere »Köder« ist viel effektiver als Körperkraft. Der Mann verhält sich zwar noch genauso wie zu Anbeginn der Zeiten, er äußert das aber anders.

Genauere Untersuchungen zeigen, dass Frauen für diese Angst anfälliger sind als Männer. Das ist leicht zu erklären, denn sie wissen aus Erfahrung, dass Männer ihrem Wesen nach polygam sind und ihnen daher im Umgang mit Rivalinnen alles zuzutrauen ist.

5. DIE ANGST VOR DEM ALTER

Diese Angst hat im Wesentlichen zwei Ursachen: den Gedanken an potenzielle Altersarmut, wenn man nicht mehr arbeiten kann, und – mit Abstand die häufigste – falsche, angstschürende Predigten über Feuer und Schwefel oder andere Schreckensvisionen, die erdacht wurden, um den Menschen durch Angst gefügig zu machen.

Im Grundsatz ist die Angst vor dem Alter recht solide begründet. Zum einen erwächst sie aus dem Misstrauen gegenüber anderen, die sich den eigenen weltlichen Besitz aneignen könnten, zum anderen aus den schrecklichen Bildern vom Jenseits, die uns unsere Gesellschaft schon eingepflanzt hat, noch bevor wir ganz Herr unserer Sinne waren.

Auch die mit den späteren Jahren steigende Erkrankungswahrscheinlichkeit trägt zu dieser verbreiteten Angst vor dem Alter bei. Der Eros spielt ebenfalls mit hinein, denn kein Mensch denkt gern daran, dass seine sexuelle Attraktivität nachlässt.

Die häufigste Ursache für Angst vor dem Alter steht aber mit potenzieller Armut in Zusammenhang. Seit jeher fürchtet sich der Mensch davor, seinen Lebensabend im Armenhaus verbringen zu müssen.

Eine weitere Ursache für Angst vor dem Alter ist der potenzielle Verlust an Freiheit und Unabhängigkeit, denn in die Jahre zu kommen, kann mit Einbußen an körperlicher und wirtschaftlicher Freiheit einhergehen.

6. DIE ANGST VOR DEM TOD

Diese Angst ist für manche die schlimmste der sechs grundlegenden Ängste – aus offensichtlichem Grund. Die schreckliche Angst, die der Gedanke an den Tod oft auslöst, lässt sich in den meisten Fällen direkt auf religiösen Fanatismus zurückführen. Die sogenannten Heiden haben weniger Angst vor dem Tod als die »zivilisierteren« Völker. Seit Millionen Jahren stellt der Mensch die nach wie vor unbeantwortete Frage nach dem Woher und dem Wohin. Woher komme ich und wohin gehe ich?

In Wirklichkeit **weiß** nach wie vor **kein Mensch**, wie es im Himmel oder in der Hölle aussieht oder ob ein solcher Ort überhaupt existiert. Dass wir kein gesichertes Wissen darüber haben, macht den menschlichen Geist empfänglich für Scharlatane, die sich mit ihrem Repertoire an Taschenspielertricks und falschen Frömmeleien jedweder Couleur Zugang verschaffen und Einfluss ausüben.

Diese Angst ist absolut sinnlos. Der Tod ist unausweichlich, ganz gleich, was man darüber denkt. Neh-

men Sie ihn als notwendig hin, und denken Sie nicht mehr darüber nach. Und notwendig ist er offensichtlich, denn sonst würde er ja nicht zuverlässig eintreten. Aber womöglich ist er besser als sein Ruf.

Die ganze Welt setzt sich aus zwei Bestandteilen zusammen: *Energie* und *Materie*. Die Elementarphysik lehrt uns, dass Materie und Energie (die einzigen beiden dem Menschen bekannten Realitäten) weder erzeugt noch zerstört werden können. Materie und Energie können umgewandelt, aber nicht vernichtet werden.

Wenn überhaupt, dann ist Leben Energie. Können Energie und Materie aber nicht zerstört werden, dann gilt das auch für das Leben. Wie andere Energieformen kann das Leben verschiedenen Übergangs- oder Veränderungsprozesse durchlaufen, doch es kann nicht zerstört werden. Der Tod ist also nur ein Übergang.

Wäre der Tod nicht bloß eine Transformation oder ein Übergang, dann käme nach dem Tod nur noch ein langer, ewiger, friedlicher Schlaf – und davor braucht niemand Angst zu haben. Sie können die Angst vor dem Tod also ein für alle Mal ad acta legen.

SORGEN

Besorgnis ist ein Geisteszustand, der sich auf Angst gründet. Er arbeitet langsam, aber gründlich. Er kommt schleichend und subtil. Nach und nach setzt er sich fest, bis der Betroffene nicht mehr klar denken kann und sein Selbstvertrauen und seine Eigeninitiative verliert. Sorgen sind ein anhaltender Angstzustand, der von Unentschlossenheit ausgelöst wird – und sich daher kontrollieren lässt.

Gewöhnen Sie sich ab, sich Sorgen zu machen, gleich welcher Art – indem Sie pauschal beschließen, dass das Leben *nichts so Kostbares zu bieten hat, dass sich Sorgen lohnen*. Mit dieser Entscheidung kommen Gelassenheit, Seelenruhe und stille Nachdenklichkeit, die Sie glücklich machen werden.

Ein Mensch, der voller Ängste steckt, macht nicht nur seine eigenen Aussichten auf intelligentes Handeln zunichte, sondern überträgt diese destruktiven Vibrationen auf alle, mit denen er in Berührung kommt – und nimmt auch ihnen alle Chancen.

Ihre Aufgabe im Leben besteht doch wohl darin, Erfolg zu haben. Um erfolgreich zu sein, müssen Sie Seelenfrieden finden, die materiellen Bedürfnisse des Lebens befriedigen und vor allem **glücklich** werden. All diese Indizien für ein erfolgreiches Dasein nehmen ihren Anfang in gedanklichen Impulsen.

Sie können Ihren Geist kontrollieren. Sie haben die Macht, ihm die Impulse vorzugeben, die Sie auswählen. Mit diesem Privileg ist aber auch die Verantwortung verbunden, es konstruktiv zu nutzen. Sie sind Herr über Ihr Schicksal auf Erden – so sicher, wie Sie Ihre eigenen Gedanken kontrollieren können. Sie sind in der Lage, Ihr Umfeld zu beeinflussen, zu bestimmen und am Ende sogar zu kontrollieren und Ihr Leben nach Ihren Vorstellungen zu gestalten – oder, wenn Sie auf dieses Privileg verzichten, sich einem Meer der »Umstände« preiszugeben, in dem Sie von den Wellen hin- und hergeworfen werden wie eine Nussschale auf dem Ozean.

DAS SIEBTE GRUNDÜBEL

Neben den sechs Grundformen der Angst gibt es noch ein weiteres Übel, unter dem die Menschen leiden und das fruchtbaren Boden für die Saat des Misserfolgs bietet. Es ist so subtil, dass es oft unbemerkt bleibt. In Ermangelung einer treffenderen Bezeichnung wollen wir dieses Phänomen als **Empfänglichkeit für negative Einflüsse** bezeichnen.

Gegen Straßenräuber können Sie sich leicht schützen, weil Ihnen der Rechtsstaat organisiert zur Hilfe kommt. Das »siebte Grundübel« ist weit schwieriger zu bekämpfen, weil es zuschlägt, wenn Sie am wenigsten damit rechnen. Dass seine Waffen unsichtbar sind, kommt erschwerend hinzu. Sie existieren nur **in Ihrem Kopf**. Dieses Übel ist so gefährlich, weil es so viele Erscheinungsformen annehmen kann, wie es menschliche Erfahrungen gibt. Manchmal schleicht es sich durch wohlmeinende Ratschläge der engsten Angehörigen in unseren Kopf. Ein andermal kommt es von innen, aus der eigenen Einstellung heraus. Stets jedoch ist es so tödlich wie ein langsam wirkendes Gift.

WIE SIE SICH VOR NEGATIVEN EINFLÜSSEN SCHÜTZEN

Um sich vor negativen Einflüssen zu schützen – vor selbstgemachten ebenso wie vor den Aktivitäten negativer Menschen aus Ihrem Umfeld –, müssen Sie sich Ihrer **Willenskraft** bewusst werden und sie ständig einsetzen, bis sie Ihren Geist effektiv gegen alle negativen Einflüsse abgeschottet hat.

Machen Sie sich klar, dass Sie wie jeder andere Mensch von Natur aus faul, gleichgültig und für alle Anregungen empfänglich sind, die mit Ihren Schwächen harmonisieren.

Machen Sie sich klar, dass Sie für alle sechs Grundängste empfänglich sind, und gewöhnen Sie sich gezielt an, gegen diese Ängste anzugehen.

Machen Sie sich klar, dass negative Einflüsse oft über Ihr Unterbewusstsein auf Sie einwirken und deshalb schwer zu erkennen sind

Verschließen Sie sich kategorisch gegenüber allen Menschen, die Sie in irgendeiner Form deprimieren oder entmutigen.

Misten Sie Ihren Arzneischrank aus. Schmeißen Sie alle Medikamente weg und schnappen Sie nicht mehr alle Erkältungen, Zipperlein und imaginären Krankheiten auf.

Suchen Sie aktiv die Gesellschaft von Menschen, die Sie dazu bringen, in Ihrem Sinne zu denken und zu handeln.

Rechnen Sie nicht mit Problemen. In der Regel werden Sie nicht enttäuscht.

Die verbreitetste Schwäche aller Menschen ist zweifelsohne die Gewohnheit, die negativen Einflüsse anderer anzunehmen. Diese Schwäche ist umso abträglicher, weil den meisten Menschen gar nicht bewusst ist, dass sie darunter leiden. Viele machen sich das nicht klar oder versäumen oder weigern sich, den Missstand zu beheben, bis er unkontrollierbar Teil Ihres Tagesablaufs geworden ist.

Es gibt nur eine Sache, die Sie **voll und ganz unter Kontrolle** haben – nämlich Ihre Gedanken.

Dieser Umstand ist der bedeutsamste und inspirierendste seit Menschengedenken. Darin zeigt sich das Göttliche im Menschen. Und dieses göttliche Vorrecht ist das einzige Mittel, durch das Sie Ihr Schicksal steuern können. Gelingt es Ihnen nicht, Ihre eigenen Gedanken zu kontrollieren, dann haben Sie auch ganz bestimmt nichts anderes in Ihrem Leben unter Kontrolle.

Die Kontrolle über die eigenen Gedanken ist das Ergebnis von Selbstdisziplin und Gewohnheit. Entweder kontrollieren Sie Ihre Gedanken, oder Ihre Gedanken kontrollieren Sie. Einen – mehr oder minder faulen – Kompromiss gibt es dabei nicht. Die effektivste aller Methoden zur Kontrolle der eigenen Gedanken besteht in der Angewohnheit, diese aktiv auf ein bestimmtes Ziel auszurichten, dem ein konkreter Plan zugrunde liegt. Wenn Sie sich mit der Geschichte von Menschen befassen, die etwas Besonderes erreicht haben, werden Sie feststellen, dass sie nicht nur ihre Gedanken kontrollieren können, sondern dass sie diese Kontrolle auch ausüben und sie auf das Erreichen bestimmter Ziele abstellen. Diese Kontrolle ist die Grundvoraussetzung für jeden Erfolg.

HÄUFIGE AUSREDEN

Menschen, die scheitern, haben eine auffällige Gemeinsamkeit: Sie *wissen alle ganz genau, warum*. Und sie haben vermeintlich wasserdichte Erklärungen parat, mit denen sie sich aus ihrem Misserfolg herausreden.

Manche dieser Ausreden sind nicht von der Hand zu weisen, und ein paar lassen sich sogar durch Fakten untermauern. Doch von Ausflüchten können Sie sich nichts kaufen. Die Welt interessiert nur: **Haben Sie erreicht, was Sie wollten?**

Ein Charakteranalytiker hat eine Liste der häufigsten Ausreden zusammengestellt. Fühlen Sie sich beim Lesen gründlich auf den Zahn, und fragen Sie sich, wie viele dieser Ausreden von Ihnen stammen könnten. Bedenken Sie dabei, dass die in diesem Buch dargelegte Erfolgsphilosophie alle diese Ausreden überflüssig macht.

WENN ich das Geld hätte ...

WENN ich eine gute Ausbildung hätte ...

WENN ich einen Job finden könnte ...

WENN ich gesund wäre ...

WENN ich mehr Zeit hätte ...

WENN die Zeiten besser wären ...

WENN mich andere Menschen verstehen würden ...

WENN ich nur die »richtigen Leute« kennen würde ...

WENN ich so begabt wäre wie andere ...

WENN ich doch frei wäre ...

WENN ich eine Persönlichkeit hätte wie andere ...

WENN ich gut aussehen würde ...

WENN die Menschen nicht so dumm wären ...

WENN ich den Mut hätte, mich so zu sehen, wie ich wirklich bin ...

Die einzige Ausrede, die wirklich eine Rolle spielt, ist die letzte. Hätten wir den Mut, an uns zu glauben, könnten wir das Leben unserer Träume führen. Um diesen Gedanken logisch zu Ende zu führen: »Wenn ich den Mut hätte, mich so zu sehen, wie ich wirklich bin, würde ich *herausfinden, was mit mir nicht stimmt*, und etwas dagegen tun. Dann hätte ich vielleicht die Chance, aus meinen eigenen Fehlern und den Erfahrungen anderer zu lernen, denn ich weiß, dass bei mir etwas **schiefläuft**. Sonst wäre ich längst dort, **wo ich sein könnte**, wenn ich mehr Zeit auf die Analyse meiner Schwächen verwendet hätte als auf das Erfinden von Ausreden, um sie zu kaschieren.«

Ausflüchte zu finden, die Fehlschläge erklären, ist ein sehr verbreiteter Zeitvertreib. Dieses Verhalten ist so alt wie die Menschheit – und *tödlich für jeden Erfolg*! Warum halten Leute so hartnäckig an ihren faulen Ausreden fest? Ganz klar: Weil sie sich diese selbst ausgedacht haben. Eine Ausrede ist das Kind der eigenen Fantasie. Und es liegt in der Natur des Menschen, seine Kinder zu verteidigen.

Ausreden sind tief in unserer Kultur verwurzelt. Solche Verhaltensweisen sind schwer abzulegen – vor allem, wenn sie rechtfertigen, was wir tun! Doch wie bei allen hier dargelegten Prinzipien gilt: Diese Belohnung ist es wert, sich dafür einzusetzen. Wie sieht es aus: Lassen Sie sich überzeugen und machen den Anfang?

Das Leben ist ein Schachbrett, und der Gegenspieler ist die ZEIT. Wer zögert, bevor er einen Zug macht, oder nicht prompt reagiert, dessen Figuren werden von der ZEIT vom Brett gefegt. Sie spielen gegen einen Partner, der UNENTSCHLOSSENHEIT nicht toleriert!

– NAPOLEON HILL

Jede Leistung und jeder finanzielle Erfolg gehen auf eine Idee zurück!

– NAPOLEON HILL

WIE SIE DIE GRUNDÄNGSTE WEITERBRINGEN …

1. Welche Grundangst ist die größte Gefahr für ein Anliegen oder einen Plan, den Sie vielleicht haben?
2. Wie können Sie Ihre persönlichen Ängste bezwingen, um sich erfolgreich Ihres Geistes zu bedienen?
3. Sie wissen, dass Unentschlossenheit Angst sät. Wie können Sie künftig entschlossen Entscheidungen treffen?
4. Wie gewinnen Sie die nötige Kontrolle über Ihre Einstellung?
5. Sie wissen, dass Reichtum und Armut im Kopf beginnen. Wie definieren Sie Erfolg und Misserfolg? Wie können Sie dafür sorgen, dass Sie stets die richtige Geisteshaltung für Erfolg haben?

Über NAPOLEON HILL
und die Napoleon Hill Foundation

Oliver Napoleon Hill war ein amerikanischer Selbsthilfeautor. Am bekanntesten ist er für das Buch *Think and Grow Rich* (1937), das zu den zehn erfolgreichsten Ratgebern aller Zeiten gehört. Napoleon Hill starb am 8. November 1970 im Alter von 87 Jahren. Am 26. Oktober hatte er noch seinen Geburtstag gefeiert. Trotz aller anderslautenden Gerüchte verstarb er nicht mittellos. Er hatte seine Stiftung mit einem Vermögen ausgestattet und lebte seinen Traum. Aus seiner Biografie – *A Lifetime of Riches* – erfahren Sie mehr über seine Familie und seine letzten Jahre. Einer seiner Söhne und viele seiner Enkelkinder leben noch.

In seinem Namen setzt sich die gemeinnützige Bildungseinrichtung The Napoleon Hill Foundation dafür ein, die Welt lebenswerter zu machen.

Think *and* Grow Rich – Deutsche Ausgabe

Napoleon Hill

Über einen Zeitraum von mehr als 20 Jahren interviewte der blutjunge Napoleon Hill mehr als 500 Millionäre, unter ihnen die mächtigsten und einflussreichsten Persönlichkeiten seiner Zeit wie Thomas Edison, Alexander Graham Bell, Henry Ford, John D. Rockefeller oder Theodore Roosevelt.

Herausgekommen ist eine ebenso zeitlose wie überzeugende Anleitung für persönlichen Erfolg, in der Napoleon Hill zeigt, wie man in nur 13 Schritten sein Leben verändern kann – das womöglich wichtigste Finanzbuch, das jemals geschrieben wurde. Nun ist erstmals die vollständige und ungekürzte Ausgabe von 1937 auf Deutsch erhältlich.

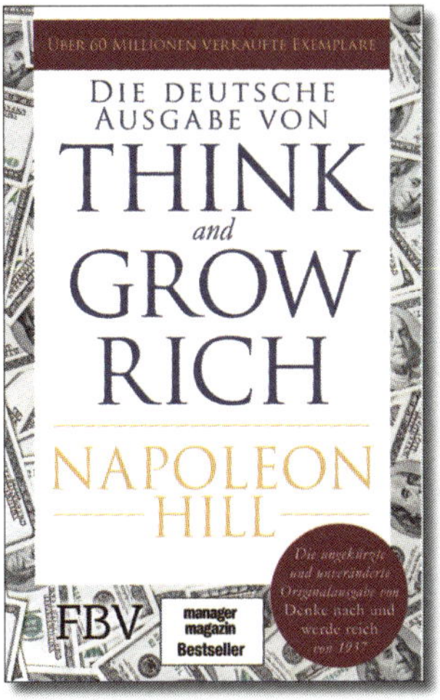

320 Seiten | Softcover | 14,99 € (D) | 15,50 € (A) | ISBN 978-3-95972-171-4

Auf der Straße des Erfolgs

Napoleon Hill

Warum scheint manchen Menschen alles im Leben zu gelingen und anderen nicht? Weil die einen orientierungslos umher irren, während die anderen den Weg zum Erfolg kennen. Denn auch wenn die Lebenswege eines jeden Einzelnen unterschiedlich sind, verläuft die Straße zum Erfolg stets entlang der gleichen Route, und diese Route ist gespickt von bestimmten Wegweisern, die man verstehen und befolgen muss, um ans Ziel zu gelangen.

Mit *Denke nach und werde reich* hat Napoleon Hill eine ebenso zeitlose wie überzeugende Anleitung für persönlichen Erfolg erschaffen. In *Auf der Straße des Erfolgs* beschreibt er die Prinzipien seines großen Bestsellers eindrücklich als Wegweiser, die dem Leser den Weg zum Erfolg zeigen werden.

240 Seiten | Softcover | 16,99 € (D) | 17,50 € (A) | ISBN 978-3-95972-210-0